U0350143

画景话心

杜鹏建筑风景速写艺术

杜鹏 著

东南大学出版社
· 南京 ·

图书在版编目（CIP）数据

画景话心：杜鹏建筑风景速写艺术 / 杜鹏著. —
南京：东南大学出版社，2016. 12
ISBN 978 – 7 – 5641 – 7070 – 7

Ⅰ. ①画… Ⅱ. ①杜… Ⅲ. ①建筑艺术 – 风景画 –速写技法 Ⅳ. ①TU204.111

中国版本图书馆CIP数据核字（2017）第 041095 号

画景话心：杜鹏建筑风景速写艺术

著　　者	杜　鹏
出版发行	东南大学出版社
出 版 人	江建中
责任编辑	顾晓阳
社　　址	南京市玄武区四牌楼 2 号（邮编：210096）
经　　销	新华书店
印　　刷	南京玉河印刷厂
开　　本	787 mm × 1092 mm　1/16
印　　张	11.75
字　　数	200 千
版　　次	2016 年 12 月第 1 版
印　　次	2016 年 12 月第 1 次印刷
书　　号	ISBN 978 – 7 – 5641 – 7070 – 7
定　　价	45.00 元

（本社图书若有印装质量问题，请直接与营销部联系，电话：025-83791830）

目 录

序一

从字面意思看，速写当与慢写相对应，是指作画的速度相对较快；从功能来看，速写本来是画家在正式创作作品之前或创作过程中用以收集素材或绘制草稿的手段，是美术创作的准备阶段；从绘画教育的角度看，速写又是美术基础训练中最为重要也是最为有效的方法。尽管速写具有上述基本特征，一般不将它当作独立的作品对待。但事实上，优秀的速写作品本身也同样具有独立的欣赏价值。比如雕塑家罗丹、画家凡•高、毕加索等，几乎所有大家都画有大量精彩的速写作品，他们的速写作品与他们的正式作品一样受到人们的重视，同样带给人美的享受。

由于速写大多是画家对现实生活事象的快速捕捉，因此画家瞬间的感受与情绪也就在笔的运行中得以充分地体现，对象的鲜活与生动、画家的激情与艺术追求在寥寥数笔中一览无余。

以艺术设计为主业的杜鹏在速写方面也同样显现出突出的才华，表明他在造型艺术上具有扎实的基础。杜鹏的速写作品给我的感受主要有三点：

一是题材多样。从广袤无垠的乡村田野到高楼林立的城市里巷，从明媚秀丽的江南水乡到浑厚沧桑的西北窑洞，无不成为他描绘的对象。站在他的作品面前，眼前不禁会浮现出一个行走在大江南北的画家身影，这些作品不仅是画家对眼前景象的感叹，更是对生命的讴歌，是一种精神的闪耀。

二是表现手法多样。确切地说，杜鹏在作画时不拘成法，从来自对象的感受出发，有线有面，也有线面结合，有具象描绘，也有意象抒发，有科学化的透视结构，也有程式化的中国章法，可谓中西兼容，有感而发，随性取舍，大显快意。

三是技巧娴熟。无论采用什么手法来表现，他都能驾轻就熟地运用造型艺术的技巧，恰到好处地将自己此时此刻的艺术感受表达出来，却无卖弄技巧的做作，这是非常难能可贵的。

综观古今中外的美术家，有一个现象很值得我们关注，往往具备很强速写能力的人对美术的兴趣才能持久，而且，最后能取得理想成果的人往往也都有画不离手的习惯。反之则大多半途而废或难成大器，这其中的内在联系是个有趣的理论命题。杜鹏的速写能够结集出版是件好事，既是对自己艺术足迹的一次回顾，也为读者奉献一份精神美餐。是为序。

南京师范大学美术学院副院长、博士生导师

倪建林　教授

二〇一五年岁末于南京

序二

我拜读了陈丹青先生写的《无知的游历》一书感触颇深，古人云：读万卷书，行万里路。游历越多，越感到我们对世界的未知太多和自身知识的浅显。行走、观看、聆听、体验、摄影、绘画都是我们了解自然世界，了解人类社会的方式，而速写也是游历中最好的记录方式之一。速写不仅仅是简单的记录事物，而且是一个记忆与研究的过程，还是一个思考与创作的过程，当我们面对客体，在表现事物的过程中，取景、观察、研究、分析、理解再到表现都要求作者具备较高的综合素质。

速写所用的工具很多，表现形式也多种多样。速写看似简单，或用线条，或用明暗来表现，没有丰富的色彩效果，但恰恰是用最简单的工具，最单一的颜色去表现丰富多彩、瞬息万变的世界；就像摄影作品，拍摄黑白照片，要比拍摄彩色照片在某些方面要求更高。因为速写表现包含了除色彩以外的所有造型要素：取景、构图、透视、空间、形态、比例、线条、明暗、对比、质感、韵律等等。在绘画艺术中，速写是一种快捷、方便、高度概括的表现形式。对于画家、建筑师、设计师来讲，徒手表现是他们记录和推敲思维的一个过程，而速写则是他们所要具备的绘画基础。

速写的快与慢是相对而言，这要根据作画者想要表现主题内容的深度和意境，以及作者所掌握绘画技巧的熟练程度而定。速写就像作家所写的心得、日记，短小而精炼，随手拈来，没有条条框框束缚，不需要有完整的故事情节。因此，速写是画家、建筑师、设计师日常记录生活，研究问题、积累素材，不断提高自身艺术素养行之有效的训练手段。

杜鹏副教授是一位勤奋努力且高产的画家，同时也是一位潜心研究教学的好老师，在教书育人的过程中，亲力亲为，一直将画速写作为他生活与教学工作的一部分，他通过速写的形式，记录了日常生活中的所见所想，本书展现的是他不同题材内容的速写作品。在书中，他结合自己教学实践的经验，将绘画知识、观察方法、作画步骤、表现形式、审美理论、作品创作融为一体，深入浅出地阐述了速写的表现形式与方法。该书图文并茂，通俗易懂，对学生学习速写具有重要的参考价值。

学习绘画是一件修身养性的事，首先要喜欢它，只有曲不离口，才能做到熟能生巧。在科学技术飞速发展的今天，计算机已成为设计师们常用的绘图工具，但无论如何，设计师都无法用计算机来替代速写这种表现形式。所以，从事绘画与设计专业的学生平时就要养成画速写的习惯，它不仅可以提高艺术修养，而且还是学习与工作的一种好的方式。

全国高等学校建筑学学科专业指导委员会委员

建筑美术教学工作委员会主任

东南大学建筑学院教授　赵军

二〇一六年一月十二日

给心情一杯清水（代自序）

给心情一杯清水，让春风化雨、润物无声。心恰如水、源深微妙，因为不争，所以有为，艺术的最高境界和做人一样莫过于此。

给心情一杯清水，可以『涤除玄鉴』，荡涤一切秽尘、打扫心灵，可以静静映照道的精神，复归心灵的本明。

给心情一杯清水，可以『致虚极，守静笃』，远离喧嚣的世俗，以虚静之道还原艺术之本，而得天下之大美，『惟其心中无一物，坐看天地得景全』，艺术之道也！

给心情一杯清水，心灵则归于道的大静。可染先生说：『画从静中来』，静则有心、境由心造，心境是艺术创作的源泉。

给心情一杯清水，可以平心降燥。『闲看庭前花开花落，漫随天外云卷云舒』，世间的漩涡暗流，自有天道为之。一念心清净，处处莲花开，这是艺术家的心境。

给心情一杯清水，便是给自己一面镜子，欲有所制、行有所止，善恶美丑尽在『清水』无声的朗照中。

给心情一杯清水，自是这浮躁社会的清凉之道。十年磨砺，酿成了这杯淡淡的清水。其实，清水似爱，多清淡、多琐碎，也甜在心里。没有惊天动地，没有张扬激越，只希望在这浮尘俗世中，给心情注入一杯清水，淡淡的，凉凉的。

杜鹏

二〇一六年七月

于无名山小居

感悟速写

感 受

德加说："素描画的不是形体，而是对形体的观察（或是一种感受）。"马奈也对此有论述，他说："重要的是在表达内心的感受和情绪，是一种简化的方式使表达出来的东西更简练、更率真，轻快而直接地走进观众的心灵。"

那么在建筑速写中该画什么呢？我以为：是感受。只有在敏锐的观察力之下感受到美，才能运用技巧去表现它，这样在动笔之前就有一个对生活的观察和对感受的积累问题。

1. 感受的全面性

画一个地方的风景，不仅仅只是被动地画它的风光，而应该主动从历史、风俗、文化、地域、生活习惯等方面，对这一地区进行全方位了解。或从书籍文字，或从社会活动，或与百姓接触、进行生活交流等等，才能得到整体本质的印象和感受，并能从纯感性认识上升到理性认识。因此，我们不能"只见树木不见森林"，而要把握全面性，无论是从艺术感觉上还是在技法上都要充分、全面地了解所要表现的建筑或风景的艺术特点，然后才能选择适合的手段去更好地表现它。

2. 感受的形象性

绘画是视觉艺术，用可视的形象传达意念和感受主题是其目的，要从现实的生活和自然的风光中提炼、组成可视的画面形象，除了理性的解读、生活的体验之外，更主要的是要训练视觉观察的敏锐性，即所谓要有艺术的眼光，也就是长久地对有"画面"的观察力眼光的培养。

任何一种艺术感受都要通过视觉的画面来体现。艺术家是拿着笔来思考的。用画面的眼光去观察、收集、积累，看到感受的内容就可以想象到画面的效果，并养成这种习惯，这就是形象思维的特点。

3. 感受的独特性

不同的人画同一个风景，画出来的感觉可能完全不同，这就是感受的独特性。

对感受的全面性的要求，并不是要我们对风景题材不加选择地什么都画，甚至不管到什么地方都画同一种景物，应有重点地挑选取舍。其依据就是抓有艺术特点的感受内容，避免泛泛的、平淡的描述，这就是感受的独特性。

画不出有特点的东西，往往不是技巧问题，多是因为没有感受到有特点的内容。就主观方面而言，感受的独特性应有明显的个人风格、爱好。这种个性特色是要求在客观特色的感受基础上，进一步找出个人对一地区、一景物等等的独特感受。

要找到自己的独特感受，一是要直接从自然中去学习，发现独特美；二是要主动地去感受，保持对事物的敏锐感，时时具有像儿童天真童趣般的新鲜感；三是要向古今中外的大师和同行学习，并融会贯通成自己的表现语言，“外师造化，中得心源”就是这种艺术感受的方法。

发 现

罗丹说：“我们的生活中并不缺少美，缺少的是发现。”

1. 绘画画的是感受，不是直接摹写

郑板桥在题画文《竹》中写道：“江馆清秋，晨起看竹，烟光日影露气，皆浮动于疏枝密叶之间。胸中勃勃遂有画意。其实胸中之竹，并不是眼中之竹也。因而磨墨展纸，落笔倏作变相，手中之竹又不是胸中之竹也。”

这一段文字形象地说明了创作过程的一般规律。“眼中之竹”激起了画家的创作欲望，也调动了画家的生活积累和情感记忆；虚构而形成的“胸中之竹”，这已不是竹的自然形表而是融进艺术家主观色彩的意象形态了，这就是作品的结构过程；再“磨墨、展纸、落笔”，才构成能使人感知的直观形象，“手中之竹”又很可能不是“胸中之竹”，这需要作者有高度的艺术素养和经验积累，才能在实际创作中涌出“神来之笔”。

2. 画味的体现

同样是对景物的写生，每个人画出来的风格各不相同，这就是画味的不同。这和每个人的修养、性格、审美趣味有很大的关系。有的作品，你不能不承认他对自然摹写的准确性、真实性，但在忠实摹写之外，却难以感受到艺术的感染力、冲击力，而只能感受到照相机般忠实的记录，这就是缺乏画味的体现，是审美修养的落差。要体现画味，首先应该提高自己的综合艺术修养，包括审美的品位、眼界的开阔性、表现手法的开拓性等等。眼高手低固然不可取，但首先要眼高然后才能手高，要通过不断地感受摹写，要向古今中外的大师和同行学习，进而形成自己的表现语言。

3. 勤于观察 敏于发现

李可染先生说“画从静中来”，静静地观察、体会就可以发现别人没有发现的美。

美是客观存在的，也是深藏于内心的。它可能会随着画者的心境变化而变化成不同意义和象征的美，这正是建筑之美的魅力所在。庄子曰：天地有大美而不言。美是无处不在的，就看你是否能够发现。

作为一名画家应该具备常人所没有的意识去观察你所面临的一切事物，要养成一种对周围环境有意识地观察与思考的习惯，要善于以小见大，善于在身边发现美，这种敏感性是画家所必备的素质。

速写不仅仅是一种搜集素材的方法，也不单纯是训练表现能力的手段，我更把它看做是一种艺术形式。小速写包含着大内涵，它能反映出作者彼时彼地的情感、思想和瞬间对事物的认识与表达；相比较长期作业，速写更具有触发作者心灵美感的意义，更能表达最初始的情感以及审美判断力。

安徽

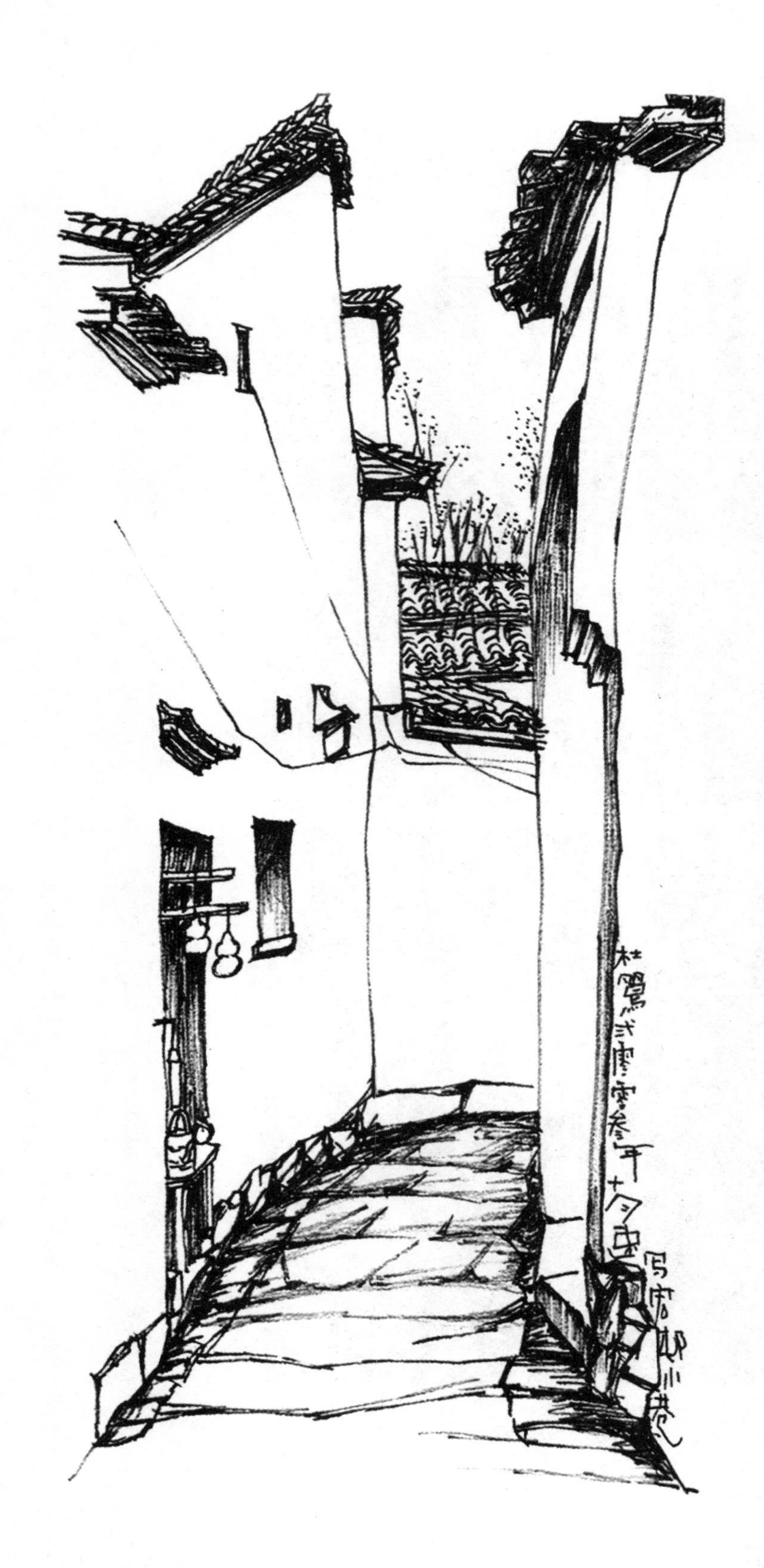

宏村的巷道具有极强的透视感，曲折回转、柳暗花明。凹凸的青石路面、斑驳的灰白墙面、残朴的门楼瓦脊，给人以悠远、深邃的神秘联想。

地点：黟县宏村

工具：素描纸、软笔

尺寸：32×45[1]

---

[1] 本书画作尺寸皆为厘米。

地点：黟县西递
工具：素描纸、美工笔
尺寸：32×45

我喜欢的风格之一：准确与简练。以表现结构变化为中心，以线的运势展现建筑的节奏美，笔意顿拙、轻快。

地点：黟县西递
工具：铜版纸、软笔
尺寸：32×45

地点：黟县西递

工具：素描纸、针管笔

尺寸：32×45

俯瞰西递，屋顶鳞次栉比，疏密有致，富有极强的层次美，以线条勾勒，用心于每一个瓦片的跳动，交错的节奏、虚实疏密的布局，让人不得不惊异于徽州人审美情趣竟如此富有意蕴。

地点：黟县西递
工具：有色纸、针管笔
尺寸：37×26

当人们都留意于村里的繁华时，村外的美景正远离喧嚣，独享那份宁静。巍巍山峦，汩汩碧泉，油菜花开，桑木成林；青瓦白墙，交织错落，野鸟家禽，交相鸣啼，真正有种『乱花渐欲迷人眼』的韵味。

地点：黟县西递
工具：美工笔、有色纸
尺寸：32×45

地点：黟县古筑村
工具：美工笔、有色纸
尺寸：37×26

地点：黟县古筑村
工具：美工笔、有色纸
尺寸：32×45

地点：黟县宏村

工具：软笔、素描纸

尺寸：32×45

地点：黟县宏村
工具：软笔、素描纸
尺寸：32×45

地点·宏村
工具·美工笔、再生纸
尺寸·42×18.5

宏村之美美在画里乡村粉墙黛瓦掩映在青山绿水丛林之中民居鳞次栉比错落有致非常

宏村之美，美在画里乡村，粉墙黛瓦掩映在青山绿水丛林之中，民居鳞次栉比，错落有致，非常具有节奏感，如此美景，怎不令人心动，娶一个宏村阿菊足也。

地点：黟县塔川
工具：铅笔、素描纸
尺寸：32×45

地点：黟县西递
工具：美工笔、再生纸
尺寸：42×18.5

每一所房子的墙角，只要是对着别人家，都会切成斜角，一是因巷口狭窄，有利于人拐弯通过，二是风水上不伤别人，三是『作退一步想』的意思，体现了徽州人礼让、谦逊的美德。

地点：黟县西递

工具：美工笔、再生纸

尺寸：42×18.5

地点：黟县南屏

工具：美工笔、再生纸

尺寸：42×18.5

地点：黟县南屏
工具：美工笔、再生纸
尺寸：42×18.5

地点：黟县宏村
工具：美工笔、再生纸
尺寸：42×18.5

地点：黟县南屏
工具：美工笔、再生纸
尺寸：42×18.5

地点：黟县宏村
工具：美工笔、再生纸
尺寸：42×18.5

地点：黟县西递
工具：美工笔、宣纸
尺寸：32×45

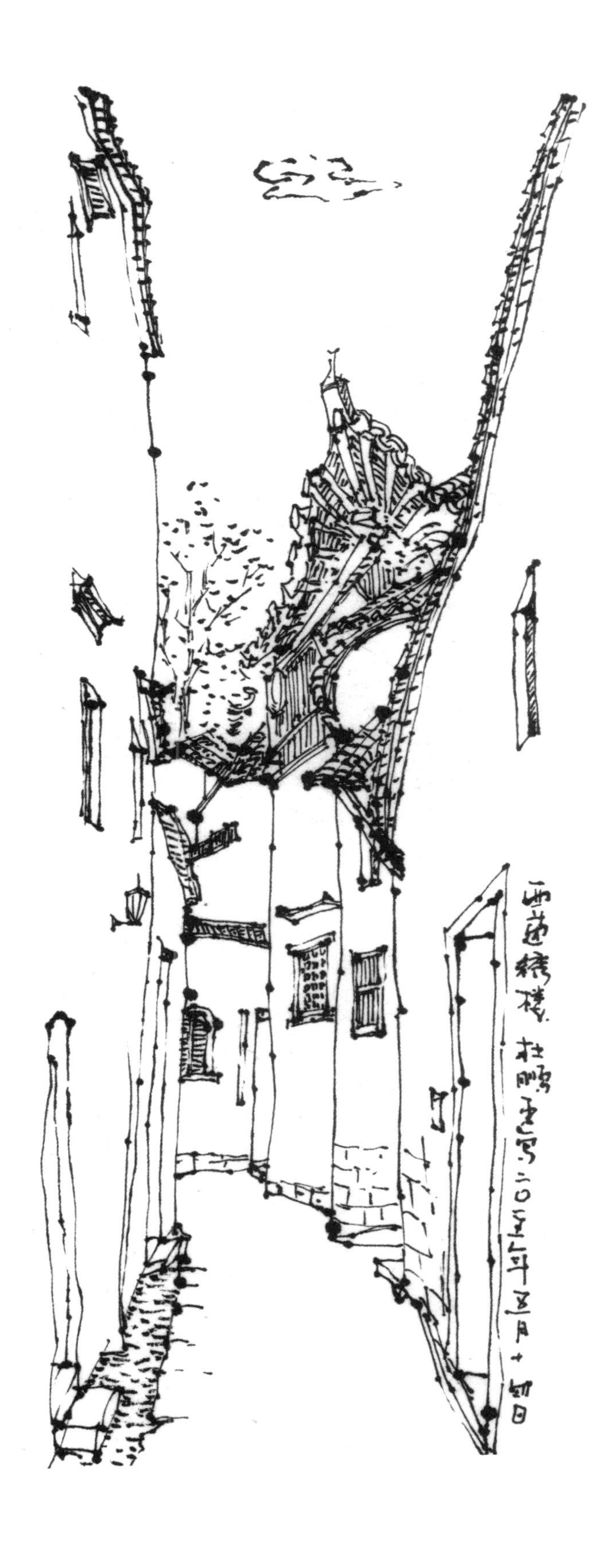

地点：黟县西递
工具：美工笔、宣纸
尺寸：42×18.5

地点·黟县西递
工具·美工笔、宣纸
尺寸·32×45

地点·黟县南屏
工具·美工笔、再生纸
尺寸·42×18.5

地点・黟县宏村
工具・美工笔、再生纸
尺寸・42×18.5

地点・黟县宏村
工具・美工笔、再生纸
尺寸・13×8

地点：黟县南屏
工具：美工笔、再生纸
尺寸：42×18.5

地点：黟县宏村
工具：美工笔、再生纸
尺寸：42×18.5

地点：黟县西递
工具：美工笔、再生纸
尺寸：42×18.5

地点 · 淮北
工具 · 美工笔、再生纸
尺寸 · 42 × 18.5

浙江

地点：丽水岩下村

工具：美工笔、素描纸

尺寸：32×45

岩下，我所见到的最美的山村，山势优美、挺拔、郁郁葱葱，建筑犹如以乱石为材料的雕塑，肌理、节奏、韵律无处不在，泉水哗哗。在这里，建筑已不是建筑，而是一种岁月的表情。

地点：缙云岱石村
工具：美工笔、素描纸
尺寸：32×45

岱石是破旧的，有些脏乱，然而生活美和艺术美是不同的，青瓦、石屋、茅草小径，虽残破倒有几分的野趣。

地点 · 丽水岱石村
工具 · 美工笔、素描纸
尺寸 · 32×45

地点 · 丽水岱石村
工具 · 美工笔、素描纸
尺寸 · 32 × 45

地点 · 嘉兴市乌镇　　工具 · 美工笔、素描纸　　尺寸 · 32×45

这是我住过的小屋，一个人，几杯酒，静听橹声摇醒一河幽梦；目光所及无处不是风景。推开小窗，近在咫尺，眼神或许正与摇过来的姑娘撞个满怀，羞涩一笑倩兮、美目一抬盼兮。这水做的景致，让慵懒而缠绵的情绪散开在每一根神经，枕水而卧，梦里也会甜醉。

地点：嘉善市西塘镇
工具：美工笔、素描纸
尺寸：45×64

黛瓦白墙，一角河湾，说不尽的似水年华；桃杏、垂柳、酒幌、悠悠的小船，摇不完的软语乡情。在这里，线的虚实、粗细，运笔的轻重、缓急显得异常重要。建筑画不一定需要工细的线条，这种生涩与稚拙或许更有画味，更能体现江南细雨中的流连忘返，清新淡定，还有些许的伤感。

地点·嘉善市西塘镇
工具·美工笔、素描纸
尺寸·32×45

桨叶啄水，声声寻觅乌篷船里的斯人；蹭着水乡柔嫩的肌肤，一路絮絮作响。暮霭初开，青纱缭绕，徘徊在悠长的雨巷，品味油纸伞下的惆怅。时光从桥上走过，在烟雨廊下脉脉含情；粼粼波纹，荡漾的是疲惫后小憩的心情，小巷、小河、小径是水乡的魂魄。烟锁西塘，是我的梦里水乡。

地点：嘉善市西塘镇

工具：美工笔、马克笔、素描纸

尺寸：32×45

地点· 丽水岩下村
工具· 美工笔、有色纸
尺寸· 37×52

中国的建筑史是木头写的，然而在丽水深山里的岩下村却是另一番的天造地设。我惊讶于那无规则的大小石块砌出的建筑，无序中透着规律。石路高低错落，被岁月磨出了细润，一尘不染。四周群山环抱，望不尽的十里杏花，这才是世外桃源，置身其中，真正感觉天人合一、物我一体。

地点 · 嘉善市西塘镇
工具 · 美工笔、素描纸
尺寸 · 32×45

西塘不大，却处处是画。那河边的青柳，水中的小船，亲水的长廊，不时在演绎着美丽的邂逅。其时我想：纵使绘画的水平再高，也只能表现建筑的表面，那一幕幕上演的戏剧和建筑所承载的故事与沧桑却是很难表现出来的，我只能用心去画。

地点：缙云小章村
工具：美工笔、有色纸
尺寸：37×26

这里没有江南水乡的细腻丰润、清新淡雅，但依然有小桥流水的欢畅。较之于江南的清丽，更多一份浑厚与淳朴。

地点 · 缙云小章村
工具 · 美工笔、有色纸
尺寸 · 37 × 52

地点：缙云小章村

工具：美工笔、有色纸

尺寸：37×26

泥土是没有生命的，然而，这里的泥土恰是揉进建筑的生命欢歌，洞悉世间的喜怒哀乐、风雨沧桑。徜徉在小章村泥土的潮湿中，你会感受到泥土的生命，在雕塑着历史的变迁，或斑驳、或平静、或沉郁……

地点：缙云仙都
工具：美工笔、再生纸
尺寸：42×18.5

地点·缙云河阳
工具·美工笔、再生纸
尺寸·42×18.5

地点：缙云河阳
工具：美工笔、再生纸
尺寸：42×18.5

地点 · 缙云

工具 · 美工笔、宣纸

尺寸 · 32×45

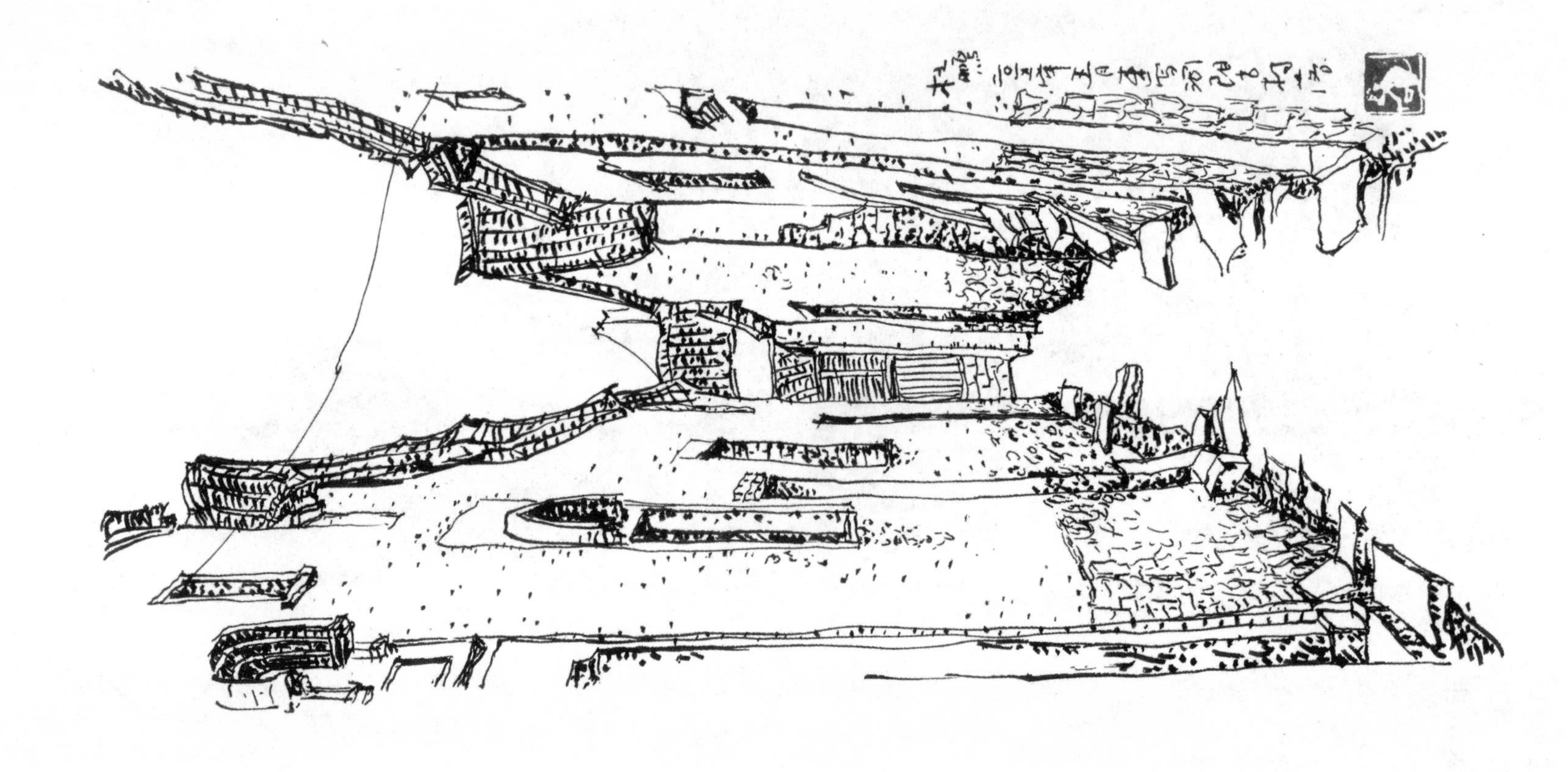

地点：缙云河阳
工具：美工笔、再生纸
尺寸：42×18.5

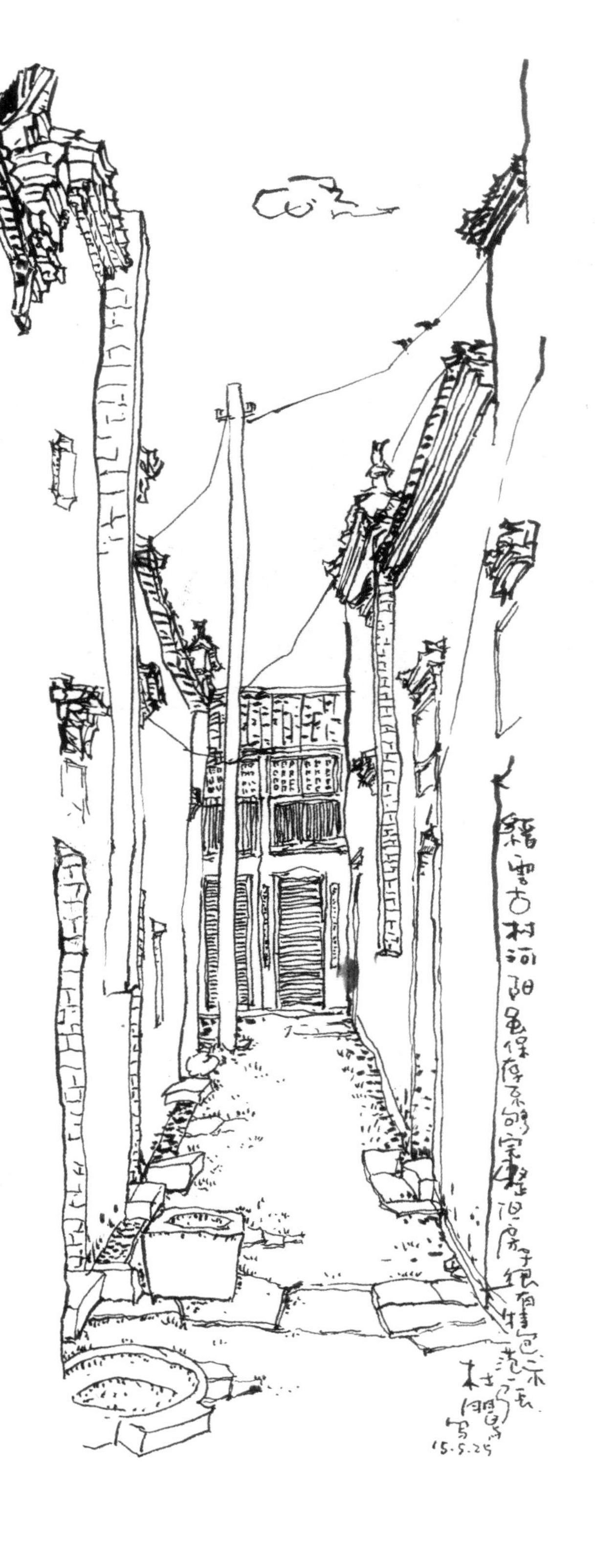

这是一张现场给学生作的示范画。河阳小巷宽度不一，墙体多为泥作，偶有木作结构间杂其中，泥、石、木的变化，虽残破但是美。

地点·缙云河阳
工具·美工笔、再生纸
尺寸·42×18.5

地点 · 缙云小章村
工具 · 美工笔、宣纸
尺寸 · 32×45

地点 · 缙云
工具 · 美工笔、素描纸
尺寸 · 32×45

地点 · 缙云壶镇唐市村　　工具 · 美工笔、宣纸　　尺寸 · 32×45

地点 · 缙云壶镇唐市村
工具 · 美工笔、再生纸
尺寸 · 42 × 18.5

缙云壶镇唐市村有小桃源之称，村里古建成群，村外群山环抱，水流穿村而过，流川静静东绝

唐市古称棠慈，四面多山，
里面菊溪环绕，青山绿水，
环境宜人，
唐朝“罗隐秀才”封：真桃源仙境也。
“小桃源”由此得名，北宋初年，
朱氏先祖朱盛公乐此仙境而徙居于此。

地点·缙云仙都

工具·美工笔、再生纸

尺寸·42×18.5

地点 · 仙都风景区鼎湖峰
工具 · 美工笔、再生纸
尺寸 · 42 × 18.5

地点 · 武义郭洞村
工具 · 美工笔、再生纸
尺寸 · 42 × 18.5

“郭外风光凌北斗，洞中锦绣映南山”，郭洞村地处层峦叠嶂的山谷之中，山环如郭，幽邃如洞。城墙东首的回龙桥，初建于元朝，重建于明隆庆年间，桥上有亭，亭中观景，郭洞村尽收眼底。

河南

初上郭亮，不是惊讶，而是震撼。鬼斧神工的绝壁走廊、飞流直下的百米瀑布、深不可测的幽谷崖壁无不令我震撼。

速写郭亮，我觉得单纯用线是无法表现它的雄奇险峻的，用浓淡双色的美工笔进行层次的皴擦渲染，一层层一遍遍，不厌其烦。用钢笔去展现水墨的滋润与温良，要染就染到极致。

竭尽全力将太行山之势、之形、之色表现出来，画一座我心中的太行丰碑。

地点：辉县市郭亮村
工具：美工笔、素描纸
尺寸：32×45

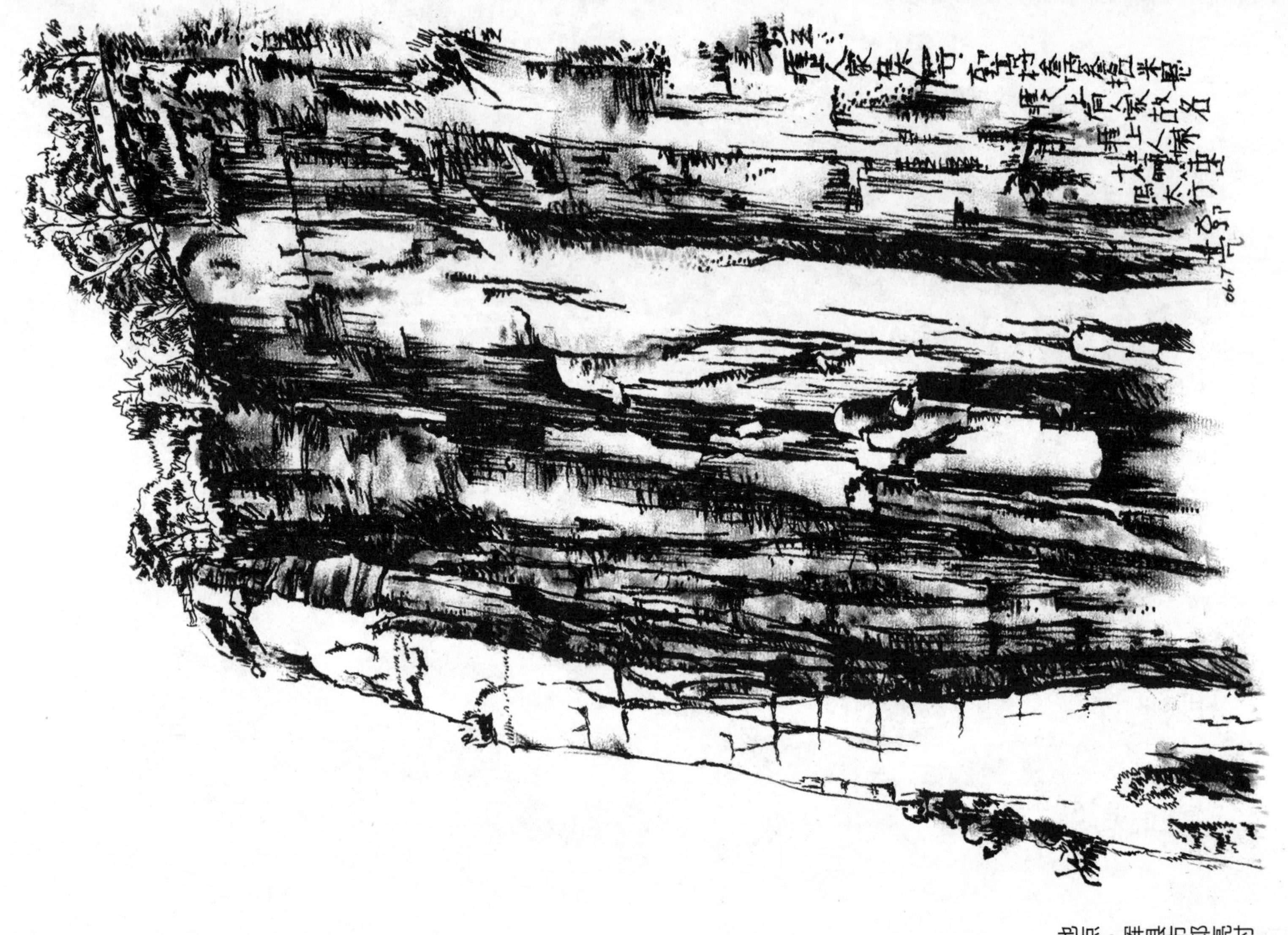

地点：辉县市郭亮村
工具：美工笔、素描纸
尺寸：32×45

地点：辉县市郭亮村
工具：美工笔、素描纸
尺寸：32×45

地点：辉县市郭亮村
工具：美工笔、素描纸
尺寸：32×45

地点：辉县市郭亮村
工具：美工笔、素描纸
尺寸：32×45

曹操《苦寒行》：“北上太行山，艰哉何巍巍。羊肠坂诘屈，车轮为之催。”这拦腰破壁而出的通道，等了千年。那是郭亮人的奇迹，他们像太行精神一样，无畏不屈、倔强坚强，这条绝壁长廊承载了幸福渴望，也必将泽被万年后世。

地点 · 辉县市郭亮村
工具 · 美工笔、素描纸
尺寸 · 32 × 90

地点·巩义河洛

工具·美工笔、有色纸

尺寸·32×45

地点：河洛沙峪沟
工具：美工笔、有色纸
尺寸：32×45

地点 · 巩义河洛
工具 · 美工笔、有色纸
尺寸 · 64 × 45

张承志在他的《北方的河》中这样描写："黄河不是水，不是浪，是一大块一大块凝着的、古朴的流体。"徜徉于黄河滩上始能感受这种意境。我喜欢黄河，不仅是因为它的壮观，更是在于它经历万年奔流不息的沧桑，依然从容不迫。沿着黄河古道，一边是奔流的黄河水，一边是耸峙的莲山，颇有点古道行疆的意味。登山俯瞰，黄水悠悠，苍远无极。

地点：河洛沙峪沟
工具：美工笔、有色纸
尺寸：32×45

地点 · 巩义河洛
工具 · 美工笔、有色纸
尺寸 · 64 × 45

河洛随想

黄河滩上
问河洛之根
如烟往事
诉幽幽离情
看虎牢雄关漫道
忆杜甫草堂春秋
恋恋风尘
伤心为谁

蜿蜒古道
寻伏羲八卦
黄土高坡
悟苍穹深远
丹青绘就酬勤路
月朗星稀尤思归
信天神游
苍凉依旧

地点 · 河洛沙峪沟
工具 · 美工笔、有色纸
尺寸 · 32×45

据说这是两口明清时代的窑洞，在沙峪沟的窑洞群中显得确实与众不同。门口两棵山楂树一左一右护佑着窑洞，相比较而言，这两棵山楂树的树龄似乎并不老，而老窑洞则更显得沧桑。

地点 · 河洛沙峪沟
工具 · 美工笔、有色纸
尺寸 · 64×45

河洛黄河山水虽无三门津的险雄激越，却有另一种中流砥柱的雄豪。站在沙峪沟的山上远眺莲山，确有叠嶂重峦、一望无际之感，胸怀宽广、心情疏朗，更有登高而小天下的豪情。

地点：巩义沙峪沟
工具：铅笔、素描纸
尺寸：32×45

地点 · 巩义沙峪沟
工具 · 针管笔、素描纸
尺寸 · 25 × 24

地点 · 焦作青龙峡
工具 · 针管笔、素描纸
尺寸 · 25 × 24

石板岩村位于林州大峡谷腹地，具有雄、险、奇、秀、幽、旷之特点，山体一层断崖一层绿带，层次分明，朴实浑厚如版画，村内民风淳厚，石墙、石瓦、石板路极有特点。

地点 · 林州石板岩
工具 · 美工笔、宣纸
尺寸 · 32 × 45

地点 · 林州石板岩　工具 · 美工笔、宣纸　尺寸 · 32 × 45

地点：林州石板岩
工具：美工笔、宣纸
尺寸：32×45

地点 · 郏县临沣寨　　工具 · 美工笔、再生纸　　尺寸 · 48 × 18.5

地点 · 郏县临沣寨　　工具 · 美工笔、宣纸　　尺寸 · 32 × 45

临沣寨原名水田村，位于河南省平顶山郏县堂街镇境内。现存古寨始建于清同治元年（公元1862年），迄今已有一百多年的历史，寨内还有较为完整的清代四合院、三合院20多座，清代民居近400间。这些建筑既有中原农村特有的以砖石为主体的高大深邃，也有南方以木格子门窗为装饰的小巧玲珑。一些古老的宅院用多层弧形石板作为门洞的拱顶，每层石板上都雕有图案，十分美观。

江苏

ROCK REGGAE
HIP HOP
IN EUROPE

太湖石

唐·白居易

远望老嵯峨，近观怪嵚崟。
才高八九尺，势若千万寻。
嵌空华阳洞，重叠匡山岑。
邈矣仙掌迥，呀然剑门深。
形质冠今古，气色通晴阴。
未秋已瑟瑟，欲雨先沈沈。
天姿信为异，时用非所任。
磨刀不如砺，捣帛不如砧。
何乃主人意，重之如万金。
岂伊造物者，独能知我心。

工具 · 美工笔、有色纸

尺寸 · 37 × 26

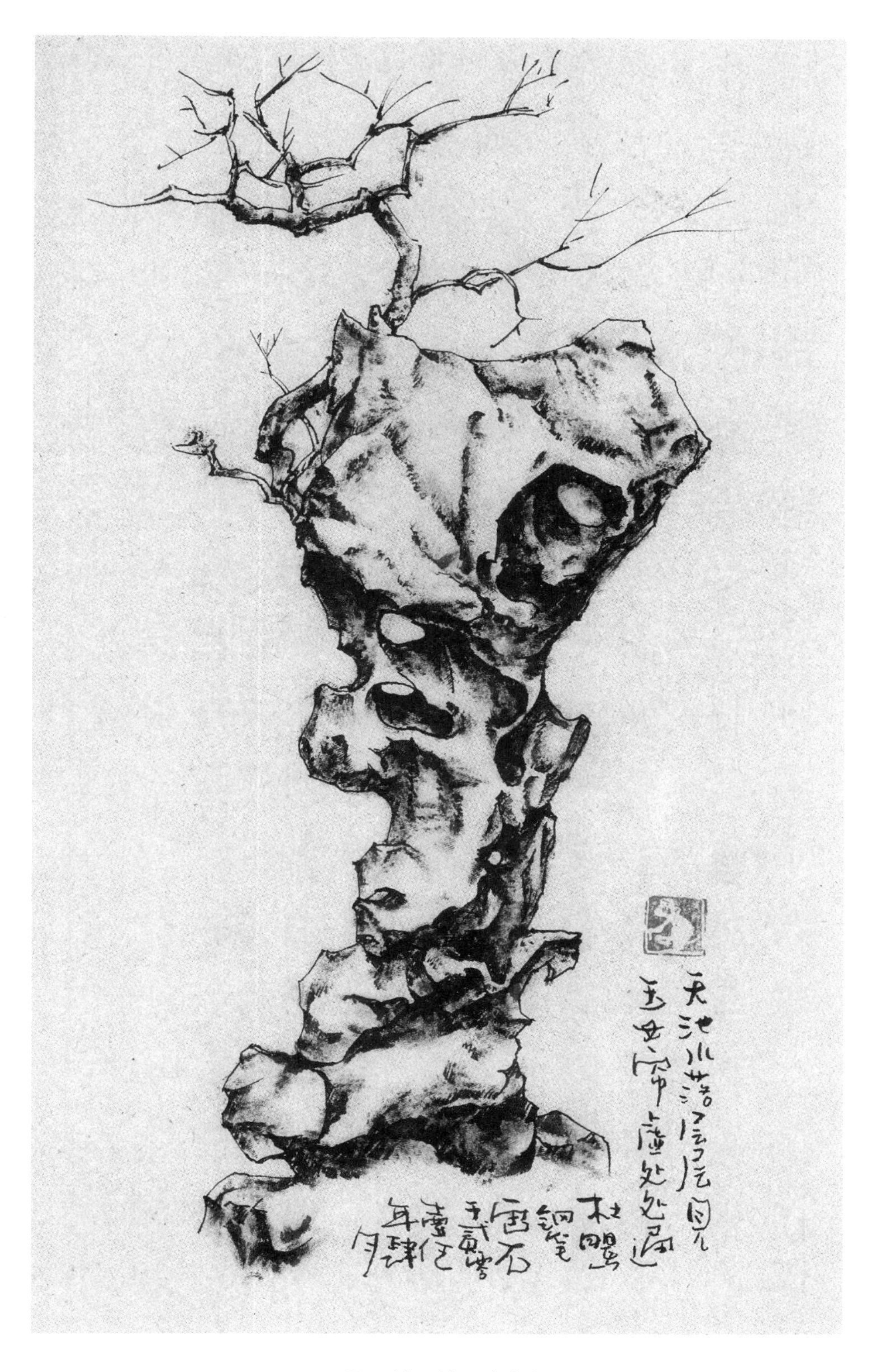

工具 · 美工笔、有色纸

尺寸 · 37×26

工具 · 美工笔、有色纸

尺寸 · 37×26

工具 · 美工笔、有色纸

尺寸 · 37 × 26

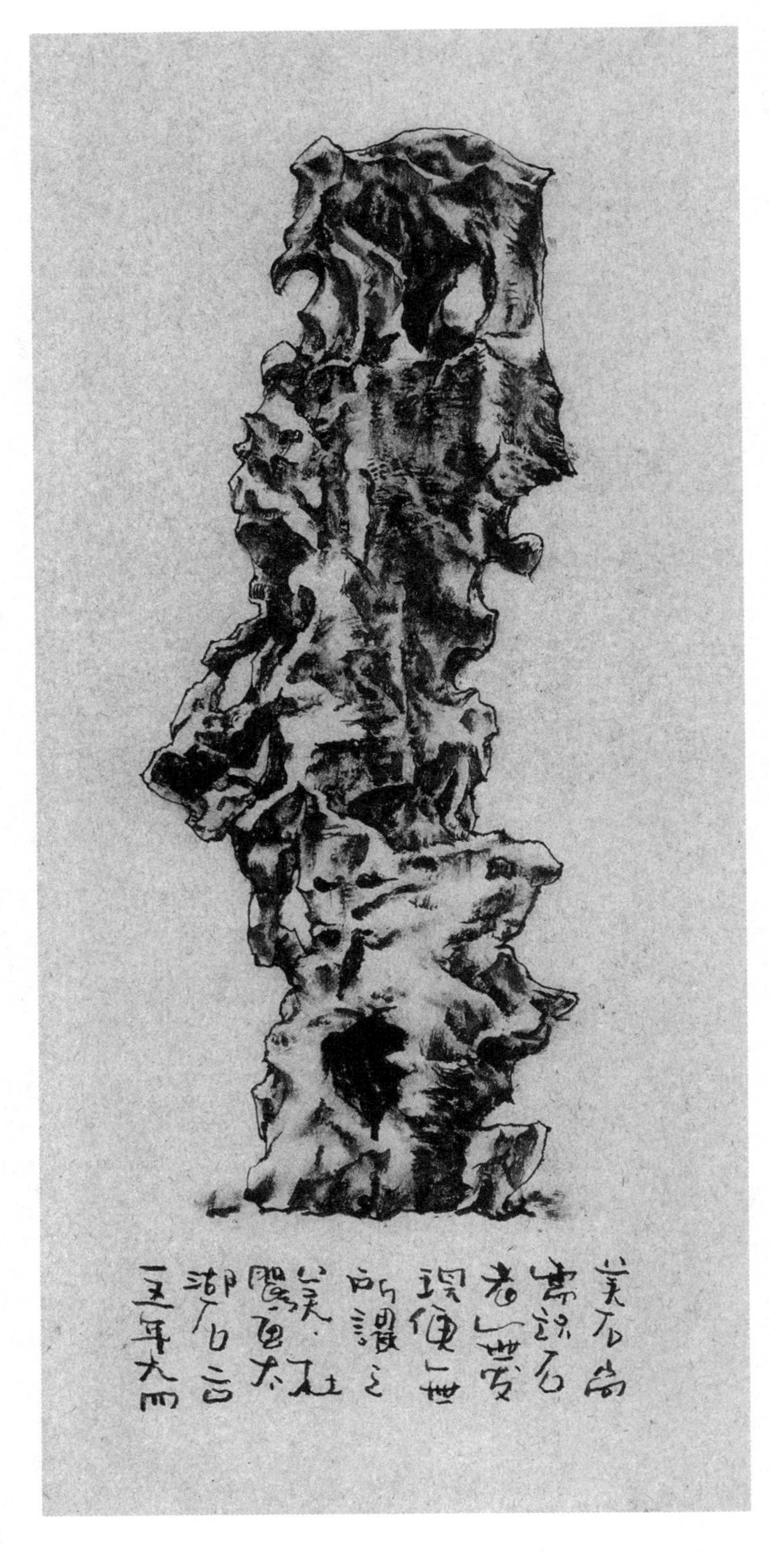

工具 · 美工笔、有色纸

尺寸 · 37×26

工具 · 美工笔、毛笔、宣纸

尺寸 · 32 × 45

七律·游题扬州个园/信园春晓

小园茂竹影参差，榭阁苔桥映碧池。

篁护百竿千个字，石堆四季几行诗。

一庭烟色花飞处，半院山光日照时。

每觉携游如画里，熏风意兴动吟思。

地点 · 无名小河
工具 · 美工笔、再生纸
尺寸 · 42 × 18.5

地点 · 扬州个园
工具 · 美工笔、再生纸
尺寸 · 42 × 18.5

地点 · 无名小园

工具 · 美工笔、再生纸

尺寸 · 42 × 18.5

地点 · 宿州五柳

工具 · 美工笔、再生纸

尺寸 · 42 × 18.5

［越调·小桃红］

江岸水灯

元·盍西村

万家灯火闹春桥，十里光相照，舞凤翔鸾势绝妙。

可怜宵，波间涌出蓬莱岛。香烟乱飘，笙歌喧闹，飞上玉楼腰。

地点 · 铜山无名山公园

工具 · 美工笔、粉画笔、有色纸

尺寸 · 37 × 26

地点·铜山无名山公园

工具·美工笔、粉画笔、有色纸

尺寸·37×26

山西

地点：山西平遥
工具：美工笔、素描纸
尺寸：32×45

地点：山西平遥
工具：美工笔、素描纸
尺寸：32×45

地点：山西平遥
工具：软笔、素描纸
尺寸：32×45

地点：山西张壁村
工具：炭精条、素描纸
尺寸：32×45

地点·山西平遥
工具·炭精条、素描纸
尺寸·32×45

地点：山西平遥双林寺
工具：美工笔、素描纸
尺寸：32×45

平遥双林寺

双林寺位于山西省平遥县西南六公里桥头村。原名中都寺，因其地本为中都故城所在而得名，约至宋代改名双林寺。据佛经记载，佛祖释迦牟尼涅槃之地为古代天竺拘尸那城跋提河旁沙罗双树之间，尔时佛在双树之下，头北面西，右胁而卧，圆寂升天，四边双树顿开白花。称为『双林入灭』。

地点：山西平遥

工具：针管笔、素描纸

尺寸：32×45

画不完的黄土风情、唱不尽的『兰花花』。用什么样的方式表现她并不重要，重要的是心里要有她，像情人一样，把伤感细细收藏。不是一年零三个月，也不是二十五岁，而是一辈子。

山东

地点·蒙山大洼

工具·针管笔、素描纸

尺寸·64×45

你站在夕阳里，用小车推出了黎明。八百里秀美沂蒙，唱红了家乡小调。不变的质朴，在粗犷中铺展；低调的无华，屹立于岩石的坚强。群山是英雄的定格，泥土是红色的不屈。远眺你的顶天立地，化作默默的生生不息。

地点·蒙山大洼
工具·针管笔、素描纸
尺寸·32×45

地点：蒙山大洼

工具：美工笔、素描纸

尺寸：32×45

『天秋木叶下，月冷莎鸡悲。坐愁群芳歇，白露凋华滋。』李白的《秋思》写尽了秋天的萧瑟。蒙山一夜的秋风吹落了满树的芳华，树叶落尽却更显苍凉、凄美。以古拙描写苍凉，以皴擦点染粗犷，把铅华洗尽，便是北方山林的从容。

地点 · 蒙山大洼

工具 · 针管笔、素描纸

尺寸 · 32×45

秋光暖影，山石错落，
古劲苍虬不齐，纤弱婆娑有之。
不腻不燥，虚实相间，
不正是我寻的美景吗？

地点 · 蒙山大洼

工具 · 针管笔、素描纸

尺寸 · 32×45

地点 · 蒙山大洼
工具 · 美工笔、素描纸
尺寸 · 32 × 45

地点 · 蒙山大洼
工具 · 美工笔、素描纸
尺寸 · 32×45

初到大洼，满眼金黄；一夜秋雨，晨起成冬。山里的早晨清冷无风，树叶一夜了无踪影，只剩枝干挺拔纹丝不动。大石头静卧无声，小河似乎凝固不动，倒影如镜。这静悄悄的黎明实在是美极了。

地点 · 蒙山刘家寨

工具 · 美工笔、素描纸

尺寸 · 32×45

2005 年秋，蒙山大洼写生，误入刘家寨，村里几乎无人，偶有犬吠。建筑为石砌瓦房，村内杂草丛生，高大的板栗树几无树叶，石磨随处可见。北方山村的深秋，已有点初冬的感觉。

地点 · 山东菏泽前王庄

工具 · 美工笔、宣纸

尺寸 · 32×45

地点 · 蒙山大洼

工具 · 针管笔、素描纸

尺寸 · 15 × 18

地点 · 沂南竹泉村

工具 · 美工笔、宣纸

尺寸 · 32×45

异国掠影

地点 · 美国白宫
工具 · 美工笔、再生纸
尺寸 · 42 × 18.5

2015.6.

地点 · 西班牙巴塞罗那

工具 · 美工笔、废旧纸片

尺寸 · 20 × 15

地点 · 加州大学洛杉矶分校
工具 · 美工笔、有色纸
尺寸 · 37 × 26

杜鹏写钢笔速写耶鲁大学校园于無名山小居 2015.8.

地点 · 美国曼哈顿

工具 · 美工笔、再生纸

尺寸 · 42 × 18.5

二〇一一年七月至八

地点 · 耶鲁大学校园
工具 · 美工笔、再生纸
尺寸 · 42 × 18.5

地点 · 美国某市政厅

工具 · 美工笔、有色纸

尺寸 · 19×26

地点 · 美国加州大学洛杉矶分校

工具 · 美工笔、再生纸

尺寸 · 42 × 18.5

地点 · 意大利佛罗伦萨乡村

工具 · 美工笔、再生纸

尺寸 · 42 × 18.5

其他

地点・桂林桃花江
工具・美工笔、再生纸
尺寸・42×18.5

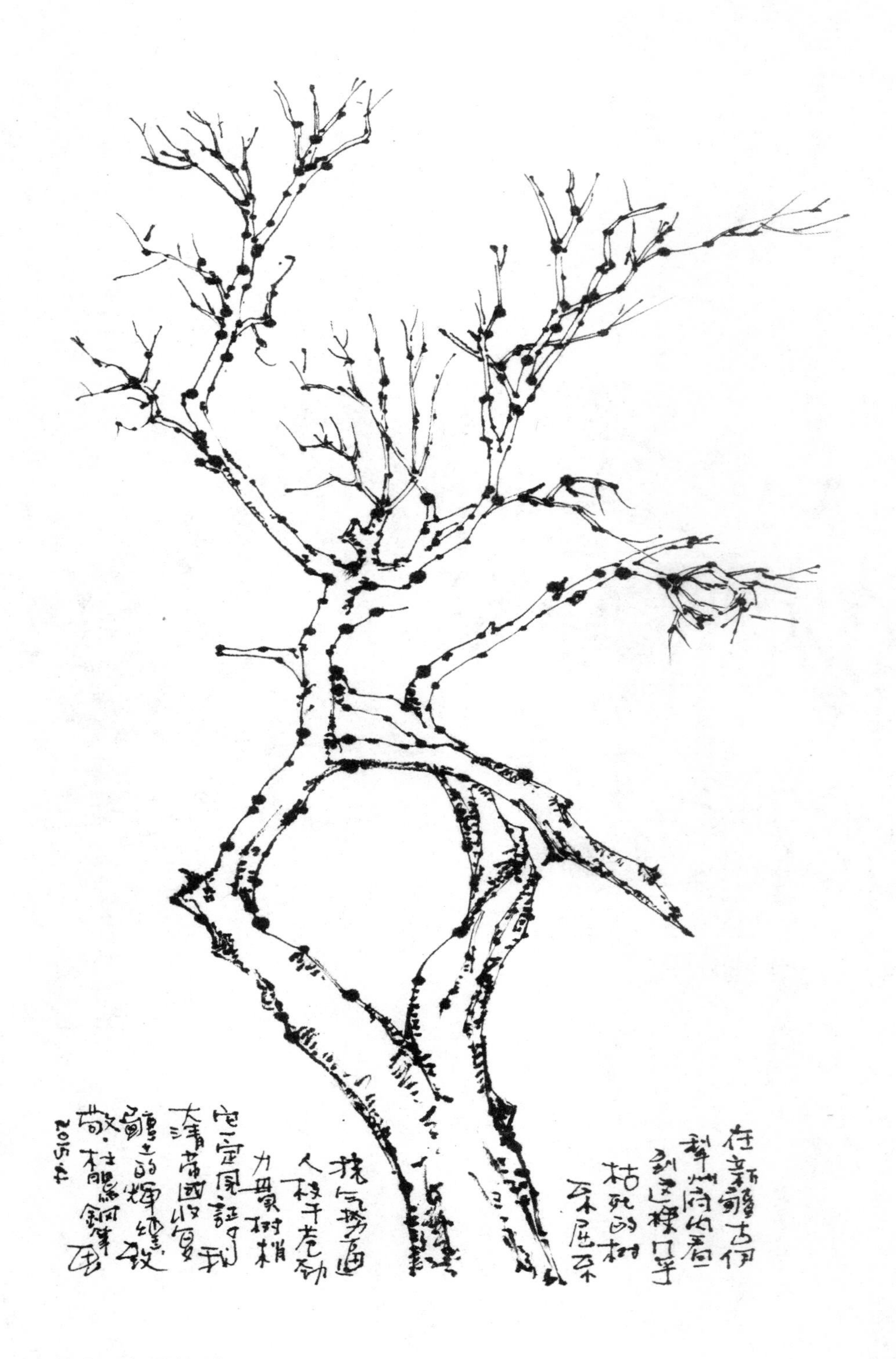

地点 · 新疆伊犁

工具 · 美工笔、宣纸

尺寸 · 32 × 45

地点 · 云南丽江
工具 · 美工笔、再生纸
尺寸 · 42 × 18.5

地点 · 湘西凤凰

工具 · 美工笔、再生纸

尺寸 · 42×18.5

地点 · 川滇泸沽湖
工具 · 美工笔、再生纸
尺寸 · 42 × 18.5

地点 · 甘肃若尔盖
工具 · 美工笔、有色纸
尺寸 · 37 × 26

地点 · 新疆五彩滩
工具 · 美工笔、宣纸
尺寸 · 32×45

新疆五彩滩毗邻碧波荡漾的额尔齐斯河，与对岸葱郁青翠的河谷风光遥相辉映，可谓“一河隔两岸，自有两重天”。激猛的河流冲击以及狂风侵蚀，形成了北岸的悬崖式雅丹地貌。

地点 · 河北坝上

工具 · 美工笔、再生纸

尺寸 · 42×18.5

地点 · 四川康定

工具 · 美工笔、再生纸

尺寸 · 42×18.5

地点 · 新疆魔鬼城

工具 · 针管笔、再生纸

尺寸 · 42 × 18.5

魔鬼城是一处独特的风蚀地貌，形状怪异，在蒙古语中这里被称为“苏鲁木哈克”，哈萨克语被称为“沙依坦克尔西”，意为魔鬼城。其实，这里是典型的雅丹地貌区域，“雅丹”是维吾尔语“陡壁的小丘”之意，雅丹地貌以新疆塔里木盆地罗布泊附近的雅丹地区最为典型而得名，是在干旱、大风环境下形成的一种风蚀地貌类型。

地点 · 河北蔚县

工具 · 美工笔、再生纸

尺寸 · 42 × 18.5

地点 · 祁连山
工具 · 炭精条、素描纸
尺寸 · 27 × 22

地点 · 祁连山
工具 · 炭精条、素描纸
尺寸 · 27 × 39

向大师学速写

原作 · 怀斯《奥尔森的尽头》油画
工具 · 美工笔、再生纸
尺寸 · 42 × 18.5

安德鲁·怀斯描绘美国乡间自然风土人物的画作，以精致逼真的写实风格，表现了人与大自然的交流与调和，朴实的题材，引发人们怀念乡土与自然的情思。怀斯以其丰富的记忆和联想，将生活中的片断，化作令人感动的画面。出现在画中的对象——孤屋、老人和鸟兽，含有一股静寂与淡淡的哀愁，洋溢着动人肺腑的诗意，他以敏锐的感触，精致的写实技巧，捕捉视觉的一瞬。怀斯创造一种属于个人的主观艺术，以一种连续而持久的个人主义，应付这个毫不稳定和全无把握的现实生活。

潘天寿精于写意花鸟和山水，偶作人物。尤善画鹰、八哥、蔬果及松、梅等。落笔大胆，点染细心。墨彩纵横交错，构图清新苍秀，气势磅礴，趣韵无穷。

原作 · 潘天寿 · 中国画
工具 · 美工笔、再生纸
尺寸 · 42 × 18.5

潘天寿的画让人感到震动。他在风格上和吴、齐、黄的差异，并无超出传统材料工具、表现方式和审美趣味这个统一的大圈。因此，他追求的雄大、奇险、强悍的审美性格，依然未出『壮美』这一传统审美范畴，没有由借鉴西方文化精神而转为崇高性。他是传统绘画最临近而终未跨入现代的最后一位大师。

原作 · 潘天寿 · 中国画
工具 · 美工笔、再生纸
尺寸 · 42×18.5

此幅画是画家忆写昔年游江胜境，是众多游江作品中的一幅。画面前后五条帆船顺江而下，两岸山峰林立，树木横生，参差多变，淡淡的远山把景色推向远方。此间设色淡雅，用笔自如潇洒，是不可多得的佳作。

原作 · 黄宾虹《横槎江上》中国画
工具 · 美工笔、再生纸
尺寸 · 42 × 18.5

此幅画题诗：『湖外青山对结庐，门前修竹亦萧疏。茂林他日求遗稿，且喜曾无封禅书』。可以看出画家欣喜住在这美丽无比的湖山边上，同时，还可以有萧疏的翠竹相伴为邻。构图别致，设色淡雅，惜墨如金。画面一叶小舟，岸上一人，舟上一人，逍遥自由，如梦入仙境，仿佛画家置身其中，与世无争。

原作：黄宾虹《湖外青山对结庐》中国画
工具：美工笔、再生纸
尺寸：42×18.5

湖外青山对结庐门前修竹亦萧疏茂林他日求遗稿且喜曾无封禅书、杜鹏钢笔写宾虹大师画意二〇一五年六月

原作 · 凡 · 高《海上船只》（献给爱弥尔 · 贝尔纳）速写
工具 · 美工笔、素描纸
尺寸 · 23×16

关于“艺术”一词，我还找不到有比下述文字更好的阐释：艺术即自然、现实、真理。但艺术家能在此中表现出深刻的内涵，表现出一种观念，表现出一种特点。艺术家对这些内涵、观念、特点有自己的表现形式，其表现形式自成一格，不落窠臼，清晰明确。

——凡 · 高

原作 · 罗尔纯《风景》油画
工具 · 炭笔、素描纸
尺寸 · 27×27

罗尔纯先生一直在进行“民族化”的探索，用中国写意画的手笔“写”油画。他把中西的绘画精神融于自己的绘画语言中，在作画过程中所表现出的机敏、果断和大刀阔斧酣畅淋漓地表现出了特有的美学风格。不同于温润的性格表象，激烈的绘画是他的生命的另一种形式，是另一种生命状态。

原作 · 张仃《响雪源头》中国画
工具 · 美工笔、素描纸
尺寸 · 28×36

张仃的焦墨山水一如他的性格，厚重、朴实、苍茫、大气。焦墨山水最能还原苍劲、宏阔、有力、具有金属感的画面。在这个曾给他心灵慰藉的笔墨世界中，貌似单纯的黑与白，所产生的力度与内涵，却是其他色彩所不能替代的。 焦墨画更是强调黑白的本色美、质朴美，素以为绚，不加粉墨，张仃称它为“全素斋”，是一种有益身心的精神素食。

原作 · 弘仁 · 中国画
工具 · 美工笔、再生纸
尺寸 · 42 × 18.5

朋友絮语

杜鹏师兄的钢笔画用笔大气果敢，构图饱满，语言单纯，作品常常营造出一股震撼人心的冲击力。他寄情于山水幽境，其钢笔画汲取了中国传统山水画的一些特点，并能予以夸张、强化，进而建立起自己独特的艺术风格。

有『线条艺术』之称的钢笔画所蕴含的形神兼备、气韵生动、意境深远的艺术美感，在很大程度上是由这生动而富含魅力的线条造就的。石涛就曾说过线条是一切的开始。就杜鹏师兄的钢笔画而言，建筑轮廓起伏的线条，坡屋面柔和舒卷的线条，山石有若皴擦的线条，水池曲岸的线条，花木枝干虬曲的线条等，无一处不是活泼灵动的线条世界。

线条是其重要的造型语言，在钢笔画中不仅具有描绘物象形体的功能，还具有表现作者精神的效果。它不完全是一种描摹客观对象轮廓和纹理的线，不是几何学概念上的线，不是『模仿说』的线条，不是『复制』『符号』说的线条，更不是无意义抽象的线，而是人的一种感觉、领悟和想象，是一种兼表形和达意于一身的有意味的线，是与自然的生命相一致的造物，它本身具有独立的形态美和韵律美。

杜鹏师兄的钢笔画不仅仅是对客观自然界的风景描绘，更重要的是表达一种个人情感，并力图将这种内心的个人情感与所描绘的外在客观自然紧密融合，从而在精神上达到对自然的皈依和心灵的超脱。

——东南大学艺术学院博士后　曾伟

杜兄瘦削干练，四肢颀长，早年习画之余亦乐于田径运动。他好友擅酒有豪情，常满座皆醺独其能得清醒，每每红光满面，连珠妙语，引众人抚掌而笑。杜兄出身室内设计，而友人欢聚席间并不多涉专业，所以当他拿出最近准备出版的书稿，这些清新明快的画作不由让人眼前一亮。钢笔写生之类不似油彩、粉彩可以恣意颜色，铺陈叙事，抒发情感，也不像素描着力明暗、流连光影，深入细节，但最可见手上功夫，既需即兴由缰的感性又需张弛有度之理性。早期的这批画作，构图宏观，笔法有版画般的严谨，较多经年景观、建筑制图训练的痕迹；而近年的写生，轻松雅致，选题由小见大，草木砖石、生树杂花竟似无可添删，天地大美信手方寸；而更加难得的是他以黑白代墨之五色，落笔草草、质朴古拙，逶迤婉转间竟尽得水墨意趣，足见功力。

——苏州大学艺术学博士　王威多

杜鹏是我的师兄，当时在班里他是画得最好的。他深沉而又潇洒，很少说话，是一个对工作和艺术很专注的人，当年我们奉他为偶像。他的建筑速写保持着一种冷静严谨而又爆发畅游的独特风格，这种风格与他对建筑的审美理想相得益彰。品味着他的建筑速写作品，眼前浮现出寒霜酷暑中他四处考察民居古建的幕幕场景。

『外师造化，中得心源』，杜鹏在师法自然的过程中，能感觉到『自然』生气，将大自然的美非常谐和地转化成艺术之美。在画法画技上，杜鹏展现了他扎实高超的表现能力，就像王维在《山水画论》中描述的画论一样：山头不得一样，树头不得一般。山藉树而为衣，树藉山而为骨。树不可繁，要见山之秀丽；山不可乱，须显树之精神。能如此者，可谓名手之画山水也。在杜鹏的作品里，画意与画境完美结合，线条的疏密、轻重很有『节奏』，可以说是非常好的学生学习佳作。他也许就是名手之画建筑也。

欣赏完杜鹏的所有作品，我觉得他作画时心情一定是最快乐、最自由的。苏东坡曾经说过：『我一生之至乐在执笔为文之时，心中错综复杂之情思，我笔皆可畅达之。』杜鹏的作品就体现了这种情怀和构设。

——苏州大学艺术学博士　顾颖

杜鹏长我几岁，颇有『大哥』风范。近年来甚为杜鹏兄不时通过微信晒『专业』、亮『肌肉』的精神所佩服。佩服其每日的计划安排有序，条理不差的工作作风和对专业『痴』与『狂』的艺术境界。读其速写日臻纯熟，乃幸事。杜鹏的专业是环境艺术设计，为深入生活而实地调研，他不辞劳苦奔波于焦作、商丘、聊城、临沂、枣庄、宿州、苏州、常州、镇江、黄山等几十个城市、百余个乡镇，画了大量的建筑、山水方面的第一手精美速写。表现的对象既有亘古如斯的自然景观，也有颓壁断垣的人为建筑。杜鹏的速写造型精准，笔法娴熟，打开他的一幅幅隽永画卷，端庄依旧清明常在，颇具梁思成之笔锋，有诗的意境和情感的宣泄，又忠实于事物的客观形态，堪称是地域传统建筑绘画的『活字典』和『记录仪』。『滴水穿石』『聚沙成塔』，平时的付出和积累，才最终铸就杜鹏速写作品结集出版。祝贺！

——江南大学服装工程学博士　姚君洲

多年以来，速写已经成为杜先生所追求的自然而然的艺术形式，成为其创作活动的重要组成部分，是其在艺术历程上不断前行的生动记录。作者以手中的笔，发挥对物象的观察力、感受力、想象力，敏锐生动地捕捉美，能动激情地表达美。从这些浸渍着汗水和心血的作品中，可以看出他在艺术创作上的意志、思考与探索，更能体会他独特的感受与发现。

作者抛开传统线条的画法，运用揉擦与线条相结合的手法，将静态的线转化为动态的线，准确的线条、多变的笔触勾勒与皴染块面之间的交叉组合，形成不同的色度和调子；随意自然的变幻线条，虚实若现的明暗结合，细而不腻、松紧有度，构成别致的黑白灰关系。寥寥数笔却精到娴熟、气韵丰满，刻画了写实而生动的物象，表现了丰富的光线变化，具有松动而又厚实之感，形成强烈的视觉效果，将环境氛围渲染得淋漓尽致。结构与光影浑然一体，充分平衡画面，制造强烈的光感效果和视觉中心，产生恰到好处的空间感和整体感。

作品中的构图、造型、明暗等无不契合着绘画艺术的规范，并融入作者自己的思考和灵性，充分展现了作者纯熟的表现技巧和超强的把控能力。所有的形体细节都蕴含于朦胧而变化的调子之中，画面轻松自如、韵律协调一致，铸成了他自己独特痕迹的艺术风格，让人从中感受如水墨写意画般的意犹未尽，以及博大浑厚、质朴自然、鲜活灵动。

——中国矿业大学建筑学博士　贾滨宁

速写在搜集素材方面是一种有效的手段，因其简便和即兴的特点，越来越受到人们的关注，逐渐发展成为一种独特的艺术语言。杜鹏兄对速写情有独钟，并且取得了可喜的成绩。

杜鹏兄的速写风格是多样的。有的作品以线为主，致力于线的简洁与流动；有的作品以明暗调子为主，致力于黑白灰之间的微妙层次变化；有的作品专注于形式探索，将实景化虚，构建有意味的画面。他前期的速写多注重于形的锤炼，现在的作品多强调速写艺术语言的拓展。我认为，艺术家对艺术语言的高度自觉是一个艺术家走向成熟的标志。杜鹏兄的速写已不再为描绘对象所束缚，进入了一个比较自由的状态，他对形删繁就简，更加强调画面的节奏与韵律，挥洒之中尽显天成。杜鹏兄又能够师法经典，不断修正探索方向，不断探索新的面貌。我相信他将来在速写领域里会取得更好的成绩。

杜鹏兄是从事艺术设计的教师，能够在繁忙的工作之余投入速写创作，乐在其中，这种热爱艺术的精神是很让人敬佩的。

——南京艺术学院美术学博士　孟宪伟

同事杜鹏前几日告知要出本建筑速写集，有『朋友絮语』一节，想我写点东西。年初刚得本他的新书，年尾杜鹏又出品，看过年初的书，倒有些庆幸他这躁脾气了，我且坐等拜读新书。

——徐州工程学院艺术学院副教授　闫郢

后记

自幼喜画，却『误』入设计之途；十年磨砺，然未能成剑。

其实何止十年，二十多年来，一直不忘初心。即便是教学的繁重、琐事的繁杂，但凡有一点机会，便尽可能拿起笔走进自然，写写画画。

作为一个以设计为职业的人来讲，画画只能算业余爱好，当然不敢对自己有过高的要求，画出心中所想所爱，寄情于景、恋情于物，如是而已。

曾文正说：『莫问收获，但问耕耘。』在这个浮躁的年代，『收获』往往是人们追求的终点，『过程』则常常被嗤之，正因为这样，此句话对今天所谓做学问的人而言，应如醍醐灌顶、甘露洒心。

我当然还做不到这一点，可我希望一直用作品问自己：耕耘几何？这份自问从不敢奢谈收获，只是在岁月的增减之中去品味耕耘的苦甜，以『拙诚』之心感悟生活，修行入世；以善意之心对待艺术、积学渐进。

也许，我应当再磨砺几个春秋苦寒或得梅花更香，但生活的苟且常常多于诗和远方，理想有时会被现实锤击得毫无尊严，『适形』便是最自然的生存之道，于是，这些不成熟的作品只能粉墨登场。

其实，提前登场也不是坏事，人生总有上下半场，现在正是下半场的开始，告别一个旧我，回归一个真我，做一个重新开始的仪式不是很好吗？所以，重要的不是结果，而是一直在路上。

写书难，出版亦难，除了自己的努力离不开众多人的帮助。

感谢南京师范大学美术学院副院长倪建林教授和东南大学建筑学院赵军教授在百忙之中为我作序，这是一种鞭策与鼓励，尤其是在东南大学访学期间，赵老师在绘画技法与理论上都给予诸多指导，使我受益匪浅；感谢我的老师、著名画家吴以徐先生为本书题写书名；感谢淮阴师范学院美术学院杨明博士和徐州工程学院艺术学院孙亚洲老师精美的书籍设计；感谢众师兄弟和朋友真诚的点评。

感谢夫人王倩倩和女儿婴翘、婴楚这些年陪我游历考察，愧疚于写生创作之时，无暇对她们的照顾，此书的出版有她们的奉献与支持。

总之，感谢一切为了本书的出版给予帮助的人！

杜鹏

二〇一六年十二月于无名山小居